中国电力百科网
www.ceppedu.com
国网书香
联合推荐

电力设施保护宣传册

《电力设施保护宣传册》编写组　编

U0791743

中国电力出版社
CHINA ELECTRIC POWER PRESS

图书在版编目（CIP）数据

电力设施保护宣传册 / 《电力设施保护宣传册》编写组编 . — 北京 : 中国电力出版社 , 2021.5（2024.4重印）

ISBN 978-7-5198-5620-5

Ⅰ . ①电… Ⅱ . ①电… Ⅲ . ①电气设备－保护－手册Ⅳ . ① TM7-62

中国版本图书馆 CIP 数据核字 (2021) 第 085204 号

出版发行：中国电力出版社
地　　址：北京市东城区北京站西街 19 号（邮政编码 100005）
网　　址：http://www.cepp.sgcc.com.cn
责任编辑：闫柏杞　杨　卓（010-63412793）
责任校对：黄　蓓　朱丽芳
装帧设计：张俊霞
责任印制：吴　迪

印　刷：北京九天鸿程印刷有限责任公司
版　次：2021 年 5 月第一版
印　次：2024 年 4 月北京第五次印刷
开　本：880 毫米 ×1230 毫米 32 开本
印　张：1.75
字　数：45 千字
印　数：13001—14000 册
定　价：19.80 元

版权专有　侵权必究

本书如有印装质量问题，我社营销中心负责退换

前言

电力工业是国民经济的重要基础产业，在保障经济建设中发挥着重要作用。随着经济社会的快速发展，城市建设规模的不断扩大，公路、铁路、管道网络的健全完善，电力通道（站址）不断被挤占，电力设施周边各类先进、大型机械设备被广泛应用，各种违法、违章行为引发的电力设施故障停运、设备损伤等外力破坏事故（事件）呈逐年上升态势，给供电企业带来较大损失的同时，也对社会供电安全、人民生命财产构成了严重威胁。

综合运用各种有力手段，对公众进行电力设施保护宣传，调动社会各界的力量，共同维护电力设施安全运行秩序意义重大。本书以《电力设施保护条例》为依据，总结提炼了 36 首要诀，并且专门绘制了彩色漫画，希望能以通俗易懂的语言和生动形象的漫画，切实提高社会公众对电力设施保护工作的认识，增强广大群众自觉参与的意识。

本书由滨州供电公司张志康、于彦兵和四平第一热电公司徐佳男共同撰文，由电力总动员绘图，在此谨向为本书出版给予大力支持的人员表示衷心感谢。

由于编者水平有限，书中难免有不足之处，恳请广大读者批评指正。

编者

目录 Hi

1. 保护区范围

电力供应系万家，
安全依靠你我他；
杆塔电缆变电站，
保护区内要守法。

2. 保护区标志

架空线路高又高，
跨越公路和航道；
设立标志莫忘记，
安全距离知多少。

3. 标识牌

电力设施标识牌，
不得损坏与涂改；
杆塔拉线电表箱，
切莫乱动与私拆。

4. 电力施工标识

电力建设稳推进，
施工标识来指引；
拔出涂改要追责，
设施保护应上心。

5. 放风筝

风筝随风漫天舞，
切记远离电线路；
缠绕挂线出意外，
放电起火酿事故。

6. 射击、抛物

电力线路作用大，
输送电力到万家；
抛掷物体乱射击，
线断杆倒事故发。

7. 晒衣物

天朗气清日当午，
巧借电杆晒衣物；
突然一阵大风来，
短路跳闸出事故。

8. 攀爬杆塔

攀爬杆塔晃拉线，
任性玩耍不安全；
电工叔叔来劝阻，
危及生命很危险。

9. 捕鱼

水电站旁来捕鱼，
三百米的安全距；
水工建筑若危及，
触犯刑律恐被拘。

10. 游泳、划船

水库重地乱嬉闹，
游泳划船四处跑；
损坏设施需赔偿，
失足落水命不保。

11. 拴牲畜

时逢三夏遇农忙，
电线杆上拴牛羊；
杆倒牛死对公堂，
依据法规得赔偿。

12. 种树

电力走廊把电输，
征得同意再种树；
生长高度估算好，
安全距离要留足。

13. 种植竹子

竹子生长节节高，
触及电线横祸遭；
架空线下私种竹，
危及线路最糟糕。

14. 藤蔓攀附

种植瓜果田边地，
杆塔拉线要远离；
藤蔓攀附不修剪，
恐成通路遭电击。

15. 烧窑、烧荒

烧窑烧荒要谨记，
保护区旁要远离；
失火殃及输电线，
受到处罚悔不及。

16. 易燃物堆放

杆塔下面挺宽敞，
易燃物品乱堆放；
安全隐患不排除，
火灾事故恶果酿。

17. 化学物品倾倒

化学物品随手倒，
腐蚀塔基事故肇；
杆倒导致大停电，
自作自受法难逃。

18. 打桩、取土

杆塔基础要保护，
禁止打桩与取土；
野蛮开挖蛮施工，
杆断塔倒出事故。

19. 抛锚、挖沙

江河海底抛拖锚，
电缆路径要知晓；
炸鱼挖沙蛮作业，
导致停电恐坐牢。

20. 爆破

项目施工赶工期，
爆破作业要注意；
输电线路需保护，
确保安全是前提。

21. 线下建房

架空线下私建房，
危及电线不设防；
限定期限尽快拆，
造成损失自己扛。

22. 杆塔内修路

春耕备耕运肥料，
杆塔内部抄近道；
进退两难使劲撞，
“咣”的一声杆塔倒。

23. 起重地锚

杆塔拉线随手薅，
起重牵引作地锚；
心存侥幸巧借力，
线断塔倒责难逃。

24. 钻探、起重

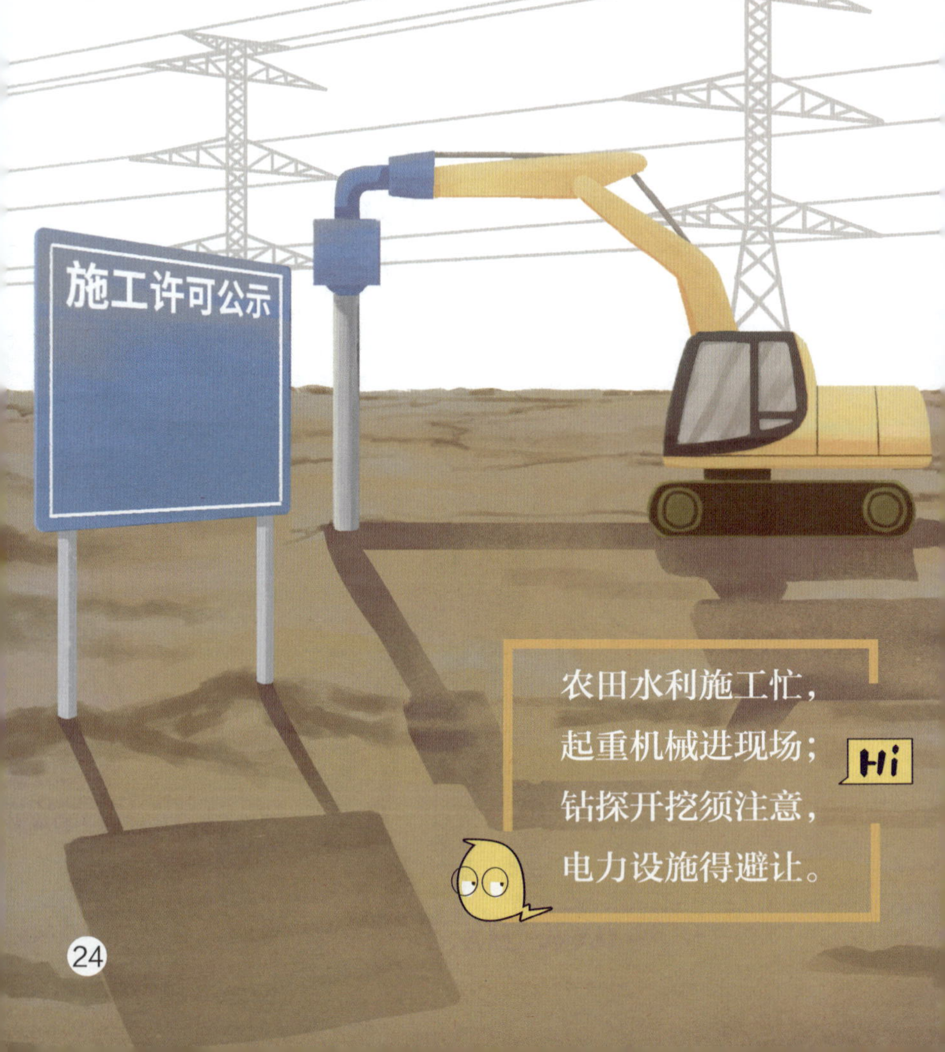

农田水利施工忙，
起重机械进现场；
钻探开挖须注意，
电力设施得避让。

25. 专用路桥

Hi

专用路桥专门开，
电煤运输大动脉；
安全生产保供应，
确保通畅电力来。

26. 水底电缆

电缆线路铺水底，
永久标志要设立；
有关部门须知晓，
书面报告此消息。

27. 地下电缆

地下电缆连万家，
输送电力全凭它；
有害物品莫靠近，
种植树竹先勘察。

28. 管道

火力发电动力足，
管道设施要爱护；
输水排灰保通畅，
安全运行防事故。

29. 扰乱秩序

发电厂和变电站，
保障供电莫怠慢；
电力设施擅自闯，
扰乱秩序须法办。

30. 私拉乱接

农田灌溉临用电，
私拉乱接挂钩线；
贪图小利图省钱，
小命玩完因触电。

31. 装喇叭

电力杆塔保供电，
不能私挂广播线；
安装喇叭图方便，
出了事故人傻眼。

Hi

32. 盗窃塔材

三更半夜盗塔材，
趁着没人偷偷卖；
杆塔倾倒人被逮，
进了监狱悔不该。

Hi

33. 非法收购

盗割电缆无处藏，
废品收购帮销赃；
公安破案人被逮，
犯罪分子蹲班房。

34. 奖励和表彰

电力器材冒险盗，
法网恢恢罪难逃；
检举揭发有贡献，
表彰奖励多报道。

35. 侵占征地

电建征地依法规，
拒不配合可不对；
线路走廊受保护，
非法侵占需退回。

36. 阻碍电建施工

断水断电事发突，
电建现场蛮封路；
阻碍施工本不该，
征地依法受保护。

附录 A　电力设施保护条例

（1987 年 9 月 15 日国务院发布，根据 1998 年 1 月 7 日《国务院关于修改〈电力设施保护条例〉的决定》第一次修订，根据 2011 年 1 月 8 日《国务院关于废止和修改部分行政法规的决定》第二次修订）

第一章　总　则

第一条　为保障电力生产和建设的顺利进行，维护公共安全，特制定本条例。

第二条　本条例适用于中华人民共和国境内已建或在建的电力设施（包括发电设施、变电设施和电力线路设施及其有关辅助设施，下同）。

第三条　电力设施的保护，实行电力管理部门、公安部门、电力企业和人民群众相结合的原则。

第四条　电力设施受国家法律保护，禁止任何单位或个人从事危害电力设施的行为。任何单位和个人都有保护电力设施的义务，对危害电力设施的行为，有权制止并向电力管理部门、公安部门报告。

电力企业应加强对电力设施的保护工作，对危害电力设施安全的行为，应采取适当措施，予以制止。

第五条　国务院电力管理部门对电力设施的保护负责监督、检查、指导和协调。

第六条　县以上地方各级电力管理部门保护电力设施的职责是：

（一）监督、检查本条例及根据本条例制定的规章的贯彻执行；

（二）开展保护电力设施的宣传教育工作；

（三）会同有关部门及沿电力线路各单位，建立群众护线组织并健全责任制；

（四）会同当地公安部门，负责所辖地区电力设施的安全保卫工作。

第七条　各级公安部门负责依法查处破坏电力设施或哄抢、盗窃电力设施器材的案件。

第二章　电力设施的保护范围和保护区

第八条　发电设施、变电设施的保护范围：

（一）发电厂、变电站、换流站、开关站等厂、站内的设施；

（二）发电厂、变电站外各种专用的管道（沟）、储灰场、水井、泵站、冷却水塔、油库、堤坝、铁路、道路、桥梁、码头、燃料装卸设施、避雷装置、消防设施及其有关辅助设施；

（三）水力发电厂使用的水库、大坝、取水口、引水隧洞（含支洞口）、引水渠道、调压井（塔）、露天高压管道、厂房、尾水渠、厂房与大坝间的通信设施及其有关辅助设施。

第九条　电力线路设施的保护范围：

（一）架空电力线路：杆塔、基础、拉线、接地装置、导线、避雷线、金具、绝缘子、登杆塔的爬梯和脚钉，导线跨越航道的保护设施，巡（保）线站，巡视检修专用道路、船舶和桥梁，标志牌及其有关辅助设施；

（二）电力电缆线路：架空、地下、水底电力电缆和电缆联结装置，电缆管道、电缆隧道、电缆沟、电缆桥，电缆井、盖板、入孔、标石、水线标志牌及其有关辅助设施；

（三）电力线路上的变压器、电容器、电抗器、断路器、隔离开关、避雷器、互感器、熔断器、计量仪表装置、配电室、箱式变电站及其有关辅助设施；

（四）电力调度设施：电力调度场所、电力调度通信设施、电网调度自动化设施、电网运行控制设施。

第十条　电力线路保护区：

（一）架空电力线路保护区：导线边线向外侧水平延伸并垂直于地面所形成的两平行面内的区域，在一般地区各级电压导线的边线延伸距离如下：

1—10 千伏	5 米
35—110 千伏	10 米
154—330 千伏	15 米
500 千伏	20 米

在厂矿、城镇等人口密集地区，架空电力线路保护区的区域可略小于上述规定。但各级电压导线边线延伸的距离，不应小于导线边线在最大计算弧垂及最大计算风偏后的水平距离和风偏后距建筑物的安全距离之和。

（二）电力电缆线路保护区：地下电缆为电缆线路地面标桩两侧各 0.75 米所形成的两平行线内的区域；海底电缆一般为线路两侧各 2 海里（港内为两侧各 100 米），江河电缆一般不小于线路两侧各 100 米（中、小河流一般不小于各 50 米）所形成的两平行线内的水域。

第三章　电力设施的保护

第十一条　县以上地方各级电力管理部门应采取以下措施，保护电力设施：

（一）在必要的架空电力线路保护区的区界上，应设立标志，并标明保护区的宽

附录

度和保护规定；

（二）在架空电力线路导线跨越重要公路和航道的区段，应设立标志，并标明导线距穿越物体之间的安全距离；

（三）地下电缆铺设后，应设立永久性标志，并将地下电缆所在位置书面通知有关部门；

（四）水底电缆敷设后，应设立永久性标志，并将水底电缆所在位置书面通知有关部门。

第十二条　任何单位或个人在电力设施周围进行爆破作业，必须按照国家有关规定，确保电力设施的安全。

第十三条　任何单位或个人不得从事下列危害发电设施、变电设施的行为：

（一）闯入发电厂、变电站内扰乱生产和工作秩序，移动、损害标志物；

（二）危及输水、输油、供热、排灰等管道（沟）的安全运行；

（三）影响专用铁路、公路、桥梁、码头的使用；

（四）在用于水力发电的水库内，进入距水工建筑物300米区域内炸鱼、捕鱼、游泳、划船及其他可能危及水工建筑物安全的行为；

（五）其他危害发电、变电设施的行为。

第十四条　任何单位或个人，不得从事下列危害电力线路设施的行为：

（一）向电力线路设施射击；

（二）向导线抛掷物体；

（三）在架空电力线路导线两侧各300米的区域内放风筝；

（四）擅自在导线上接用电器设备；

（五）擅自攀登杆塔或在杆塔上架设电力线、通信线、广播线，安装广播喇叭；

（六）利用杆塔、拉线作起重牵引地锚；

（七）在杆塔、拉线上拴牲畜、悬挂物体、攀附农作物；

（八）在杆塔、拉线基础的规定范围内取土、打桩、钻探、开挖或倾倒酸、碱、盐及其他有害化学物品；

（九）在杆塔内（不含杆塔与杆塔之间）或杆塔与拉线之间修筑道路；

（十）拆卸杆塔或拉线上的器材，移动、损坏永久性标志或标志牌；

（十一）其他危害电力线路设施的行为。

第十五条　任何单位或个人在架空电力线路保护区内，必须遵守下列规定：

（一）不得堆放谷物、草料、垃圾、矿渣、易燃物、易爆物及其他影响安全供电的物品；

（二）不得烧窑、烧荒；

（三）不得兴建建筑物、构筑物；

（四）不得种植可能危及电力设施安全的植物。

第十六条　任何单位或个人在电力电缆线路保护区内，必须遵守下列规定：

（一）不得在地下电缆保护区内堆放垃圾、矿渣、易燃物、易爆物，倾倒酸、碱、盐及其他有害化学物品，兴建建筑物、构筑物或种植树木、竹子；

（二）不得在海底电缆保护区内抛锚、拖锚；

（三）不得在江河电缆保护区内抛锚、拖锚、炸鱼、挖沙。

第十七条　任何单位或个人必须经县级以上地方电力管理部门批准，并采取安全措施后，方可进行下列作业或活动：

（一）在架空电力线路保护区内进行农田水利基本建设工程及打桩、钻探、开挖等作业；

（二）起重机械的任何部位进入架空电力线路保护区进行施工；

（三）小于导线距穿越物体之间的安全距离，通过架空电力线路保护区；

（四）在电力电缆线路保护区内进行作业。

第十八条　任何单位或个人不得从事下列危害电力设施建设的行为：

（一）非法侵占电力设施建设项目依法征收的土地；

（二）涂改、移动、损害、拔除电力设施建设的测量标桩和标记；

（三）破坏、封堵施工道路，截断施工水源或电源。

第十九条　未经有关部门依照国家有关规定批准，任何单位和个人不得收购电力设施器材。

第四章　对电力设施与其他设施互相妨碍的处理

第二十条　电力设施的建设和保护应尽量避免或减少给国家、集体和个人造成的损失。

第二十一条　新建架空电力线路不得跨越储存易燃、易爆物品仓库的区域；一般不得跨越房屋，特殊情况需要跨越房屋时，电力建设企业应采取安全措施，并与有关单位达成协议。

第二十二条　公用工程、城市绿化和其他工程在新建、改建或扩建中妨碍电力设施时，或电力设施在新建、改建或扩建中妨碍公用工程、城市绿化和其他工程时，双方有关单位必须按照本条例和国家有关规定协商，就迁移、采取必要的防护措施和补偿等问题达成协议后方可施工。

第二十三条　电力管理部门应将经批准的电力设施新建、改建或扩建的规划和计划通知城乡建设规划主管部门，并划定保护区域。

城乡建设规划主管部门应将电力设施的新建、改建或扩建的规划和计划纳入城乡建设规划。

第二十四条 新建、改建或扩建电力设施，需要损害农作物，砍伐树木、竹子，或拆迁建筑物及其他设施的，电力建设企业应按照国家有关规定给予一次性补偿。

在依法划定的电力设施保护区内种植的或自然生长的可能危及电力设施安全的树木、竹子，电力企业应依法予以修剪或砍伐。

第五章 奖励与惩罚

第二十五条 任何单位或个人有下列行为之一，电力管理部门应给予表彰或一次性物质奖励：

（一）对破坏电力设施或哄抢、盗窃电力设施器材的行为检举、揭发有功；

（二）对破坏电力设施或哄抢、盗窃电力设施器材的行为进行斗争，有效地防止事故发生；

（三）为保护电力设施而同自然灾害作斗争，成绩突出；

（四）为维护电力设施安全，做出显著成绩。

第二十六条 违反本条例规定，未经批准或未采取安全措施，在电力设施周围或在依法划定的电力设施保护区内进行爆破或其他作业，危及电力设施安全的，由电力管理部门责令停止作业、恢复原状并赔偿损失。

第二十七条 违反本条例规定，危害发电设施、变电设施和电力线路设施的，由电力管理部门责令改正；拒不改正的，处1万元以下的罚款。

第二十八条 违反本条例规定，在依法划定的电力设施保护区内进行烧窑、烧荒、抛锚、拖锚、炸鱼、挖沙作业，危及电力设施安全的，由电力管理部门责令停止作业、恢复原状并赔偿损失。

第二十九条　违反本条例规定，危害电力设施建设的，由电力管理部门责令改正、恢复原状并赔偿损失。

第三十条　凡违反本条例规定而构成违反治安管理行为的单位或个人，由公安部门根据《中华人民共和国治安管理处罚法》予以处罚；构成犯罪的，由司法机关依法追究刑事责任。

第六章　附　则

第三十一条　国务院电力管理部门可以会同国务院有关部门制定本条例的实施细则。

第三十二条　本条例自发布之日起施行。

附录 B　《电力设施保护条例实施细则》

（根据《电力设施保护条例》第三十一条规定制定。由中华人民共和国国家经济贸易委员会、中华人民共和国公安部于 1999 年 3 月 18 日颁布实施，根据 2011 年 6 月 30 日国家发展和改革委员会令第 10 号修改）

第一条　根据《电力设施保护条例》（以下简称《条例》）第三十一条规定，制定本实施细则。

第二条　本细则适用于中华人民共和国境内国有、集体、外资、合资、个人已建或在建的电力设施。

第三条　电力管理部门、公安部门、电力企业和人民群众都有保护电力设施的义务。各级地方人民政府设立的由同级人民政府所属有关部门和电力企业（包括：电网经营企业、供电企业、发电企业）负责人组成的电力设施保护领导小组，负责领导所辖行政区域内电力设施的保护工作，其办事机构设在相应的电网经营企业，负责电力设施保护的日常工作。

电力设施保护领导小组，应当在有关电力线路沿线组织群众护线，群众护线组织成员由相应的电力设施保护领导小组发给护线证件。

各省（自治区、直辖市）电力管理部门可制定办法，规定群众护线组织形式、权利、义务、责任等。

第四条　电力企业必须加强对电力设施的保护工作。对危害电力设施安全的行为，电力企业有权制止并可以劝其改正、责其恢复原状、强行排除妨害，责令赔偿损失、请求有关行政主管部门和司法机关处理，以及采取法律、法规或政府授权的其他必要手段。

第五条　架空电力线路保护区，是为了保证已建架空电力线路的安全运行和保障人民生活的正常供电而必须设置的安全区域。在厂矿、城镇、集镇、村庄等人口密集地区，架空电力线路保护区为导线边线在最大计算风偏后的水平距离和风偏后距建筑物的水平安全距离之和所形成的两平行线内的区域。各级电压导线边线在计算导线最大风偏情况下，距建筑物的水平安全距离如下：

1 千伏以下	1.0 米
1—10 千伏	1.5 米
35 千伏	3.0 米
66—110 千伏	4.0 米
154—220 千伏	5.0 米
330 千伏	6.0 米
500 千伏	8.5 米

附录

第六条　江河电缆保护区的宽度为：

（一）敷设于二级及以上航道时，为线路两侧各 100 米所形成的两平行线内的水域；

（二）敷设于三级及以下航道时，为线路两侧各 50 米所形成的两平行线内的水域。

第七条　地下电力电缆保护区的宽度为地下电力电缆线路地面标桩两侧各 0．75 米所形成两平行线内区域。

发电设施附属的输油、输灰、输水管线的保护区依本条规定确定。

在保护区内禁止使用机械掘土、种植林木；禁止挖坑、取土、兴建建筑物和构筑物；不得堆放杂物或倾倒酸、碱、盐及其他有害化学物品。

第八条　禁止在电力电缆沟内同时埋设其他管道。未经电力企业同意，不准在地下电力电缆沟内埋设输油、输气等易燃易爆管道。管道交叉通过时，有关单位应当协商，并采取安全措施，达成协议后方可施工。

第九条　电力管理部门应在下列地点设置安全标志：

（一）架空电力线路穿越的人口密集地段；

（二）架空电力线路穿越的人员活动频繁的地区；

（三）车辆、机械频繁穿越架空电力线路的地段；

（四）电力线路上的变压器平台。

第十条　任何单位和个人不得在距电力设施周围五百米范围内（指水平距离）进行爆破作业。因工作需要必须进行爆破作业时，应当按国家颁发的有关爆破作业的法律法规，采取可靠的安全防范措施，确保电力设施安全，并征得当地电力设施产权单位或管理部门的书面同意，报经政府有关管理部门批准。

在规定范围外进行的爆破作业必须确保电力设施的安全。

第十一条　任何单位或个人不得冲击、扰乱发电、供电企业的生产和工作秩序，不得移动、损害生产场所的生产设施及标志物。

第十二条　任何单位或个人不得在距架空电力线路杆塔、拉线基础外缘的下列范围内进行取土、打桩、钻探、开挖或倾倒酸、碱、盐及其他有害化学物品的活动：

（一）35 千伏及以下电力线路杆塔、拉线周围 5 米的区域；

（二）66 千伏及以上电力线路杆塔、拉线周围 10 米的区域。

在杆塔、拉线基础的上述距离范围外进行取土、堆物、打桩、钻探、开挖活动时，必须遵守下列要求：

（一）预留出通往杆塔、拉线基础供巡视和检修人员、车辆通行的道路；

（二）不得影响基础的稳定，如可能引起基础周围土壤、砂石滑坡，进行上述活动的单位或个人应当负责修筑护坡加固；

（三）不得损坏电力设施接地装置或改变其埋设深度。

第十三条　在架空电力线路保护区内，任何单位或个人不得种植可能危及电力设施和供电安全的树木、竹子等高杆植物。

第十四条　超过 4 米高度的车辆或机械通过架空电力线路时，必须采取安全措施，并经县级以上的电力管理部门批准。

第十五条　架空电力线路一般不得跨越房屋。对架空电力线路通道内的原有房屋，架空电力线路建设单位应当与房屋产权所有者协商搬迁，拆迁费不得超出国家规定标准；特殊情况需要跨越房屋时，设计建设单位应当采取增加杆塔高度、缩短档距等安全措施，以保证被跨越房屋的安全。被跨越房屋不得再行增加高度。超越房屋的物体高度或房屋周边延伸出的物体长度必须符合安全距离的要求。

附录

第十六条　架空电力线路建设项目和公用工程、城市绿化及其他工程之间发生妨碍时，按下述原则处理：

（一）新建架空电力线路建设工程、项目需穿过林区时，应当按国家有关电力设计的规程砍伐出通道，通道内不得再种植树木；对需砍伐的树木由架空电力线路建设单位按国家的规定办理手续和付给树木所有者一次性补偿费用，并与其签定不再在通道内种植树木的协议。

（二）架空电力线路建设项目、计划已经当地城市建设规划主管部门批准的，园林部门对影响架空电力线路安全运行的树木，应当负责修剪，并保持今后树木自然生长最终高度和架空电力线路导线之间的距离符合安全距离的要求。

（三）根据城市绿化规划的要求，必须在已建架空电力线路保护区内种植树木时，园林部门需与电力管理部门协商，征得同意后，可种植低矮树种，并由园林部门负责修剪以保持树木自然生长最终高度和架空电力线路导线之间的距离符合安全距离的要求。

（四）架空电力线路导线在最大弧垂或最大风偏后与树木之间的安全距离为：

电压等级	最大风偏距离	最大垂直距离
35—110 千伏	3.5 米	4.0 米
154—220 千伏	4.0 米	4.5 米
330 千伏	5.0 米	5.5 米
500 千伏	7.0 米	7.0 米

对不符合上述要求的树木应当依法进行修剪或砍伐，所需费用由树木所有者负担。

第十七条　城乡建设规划主管部门审批或规划已建电力设施（或已经批准新建、改建、扩建、规划的电力设施）两侧的新建建筑物时，应当会同当地电力管理部门审查后批准。

第十八条　在依法划定的电力设施保护区内，任何单位和个人不得种植危及电力设施安全的树木、竹子或高杆植物。

电力企业对已划定的电力设施保护区域内新种植或自然生长的可能危及电力设施安全的树木、竹子，应当予以砍伐，并不予支付林木补偿费、林地补偿费、植被恢复费等任何费用。

第十九条　电力管理部门对检举、揭发破坏电力设施或哄抢、盗窃电力设施器材的行为符合事实的单位或个人，给予 2000 元以下的奖励；对同破坏电力设施或哄抢、盗窃电力设施器材的行为进行斗争并防止事故发生的单位或个人，给予 2000 元以上的奖励；对为保护电力设施与自然灾害作斗争，成绩突出或为维护电力设施安全作出显著成绩的单位或个人，根据贡献大小，给予相应物质奖励。

对维护、保护电力设施作出重大贡献的单位或个人，除按以上规定给予物质奖励外，还可由电力管理部门、公安部门或当地人民政府根据各自的权限给予表彰或荣誉奖励。

第二十条　下列危害电力设施的行为，情节显著轻微的，由电力管理部门责令改正；拒不改正的，处 1000 元以上 10000 元以下罚款：

（一）损坏使用中的杆塔基础的；

（二）损坏、拆卸、盗窃使用中或备用塔材、导线等电力设施的；

（三）拆卸、盗窃使用中或备用变压器等电力设备的。破坏电力设备、危害公共安全构成犯罪的，依法追究其刑事责任。

第二十一条　下列违反《电力设施保护条例》和本细则的行为，尚不构成犯罪的，由公安机关依据《中华人民共和国治安管理处罚条例》予以处理：

（一）盗窃、哄抢库存或者已废弃停止使用的电力设施器材的；

（二）盗窃、哄抢尚未安装完毕或尚未交付使用单位验收的电力设施的；

（三）其他违反治安管理的行为。

第二十二条　电力管理部门为保护电力设施安全，对违法行为予以行政处罚，应当依照法定程序进行。

第二十三条　本实施细则自发布之日起施行，原能源部、公安部 1992 年 12 月 2 日发布的《电力设施保护条例实施细则》同时废止。

电力总动员简介

电，从发现至今已经超过百年。它虽然看不见摸不着，却存在生活方方面面，校园里悦耳的铃声、家中电视冰箱的使用、街道上的红绿灯、城市夜晚炫彩的灯光……电的身影无处不在，它神秘奥妙，魅力十足，却也同样暗含危险。

假如有一种方式，能够将电用简单生动的语言、奇妙有趣的画面展示出来，像看漫画书一样学习安全用电的知识，像看动画片一样了解电的诞生发展，像玩游戏一样揭秘电的神奇之处，不是很棒吗！

这便是前沿好玩的电力科普品牌——“电力总动员”诞生的缘由。

“电力总动员”诞生已经有十多年了，一直深耕电力行业，致力于电力科普到家，把一个个复杂难懂的电力知识，用轻松易懂的方式讲出来。

我们将家中用电知识融合到童趣拼图里，在玩耍时学习知识，避开用电危险；将电力设施融入积木中，在积木里揭开电力面纱；将最贴近生活的电力知识整理成各式各样的漫画、动画、玩具……通过各种趣味形式，穿越到电力世界，亲身体会电的诞生过程，认识神奇好玩的电力设备，跨越紧张惊险的用电误区。

现在，请系好安全带，和“电力总动员”出发，探寻奇妙电力世界吧！